U0157481

疯狂的十万个为什么系列

小笨熊

这就是数理化 9

崔钟雷 主编

化学：空气和燃烧

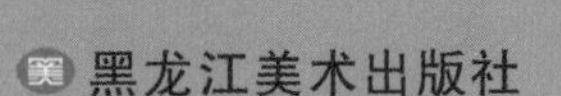

黑龙江美术出版社

杨牧之 国务院批准立项 国家重大出版工程《中国大百科全书》总主编

1966年毕业于北京大学中文系，中华书局编审。曾经参与创办并主持《文史知识》（月刊）。1987年后任国家新闻出版总署图书司司长、副署长。第十届全国人大代表、教科文卫委员会委员。现任《中国大百科全书》总主编、《大中华文库》总编辑、《中国出版史研究》主编。

崔钟雷主编的"疯狂十万个为什么"系列丛书、百科全书系列丛书，是用中国价值观、中国人喜闻乐见的形式，打造的送给孩子们的名家彩绘版科普读物。我祝贺它们的出版。

杨牧之
2018.1.9
北京

崔钟雷主编的“疯狂十万个为什么”系列丛书、百科全书系列丛书，是用中国价值观、中国人喜闻乐见的形式，打造的送给孩子们的名家彩绘版科普读物。我祝贺它们的出版。

杨牧之
2018.1.9
北京

编委会

总 顾 问：杨牧之

主　　编：崔钟雷

编委会主任：李　彤　刁小菊

编委会成员：姜丽婷　贺　蕾
张文光　翟羽朦
王　丹　贾海娇

图书设计：稻草人工作室

■ 崔钟雷

2017年获得第四届中国出版政府奖“优秀出版人物”奖。

■ 李　彤

曾任黑龙江出版集团副董事长。
曾任《格言》杂志社社长、总主编。
2014年获得第三届中国出版政府奖“优秀出版人物”奖。

■ 刁小菊

曾任黑龙江少年儿童出版社编辑室主任、黑龙江出版集团出版业务部副主任。2003年被评为第五届全国优秀中青年（图书）编辑。

目录

人体所必需的空气由什么组成？

空气的组成

空气是地球大气层中的混合气体，主要由氮气、氧气、稀有气体、二氧化碳以及其他物质（如水蒸气、杂质等）组成。

化学世界中有一家公司，它的产品是人类正常生活的基础。

经理
空气公司
欢迎参观空气公司，您的到来使这里蓬荜生辉！

疯狂的小笨熊说

由一种物质组成的叫“纯净物”。由多种物质组成，这些物质之间没有发生反应，各自保持着各自性质的叫“混合物”。空气是由多种气体混合而成的混合物。

自信！
我是拉瓦锡，是第一个对空气的组成进行探究的化学家，我觉得这家公司应该找我做顾问！

200 年前，通过实验，我得出了空气由氧气和氮气组成的结论，并且氧气约占空气总体积的 1/5。

我们空气公司内部分为很多部门，各部门都有自己的英文名字。我们氮气部门的英文名是 N_2。
氮气部门
N_2
CO_2
O_2
我们氧气部门也是很重要的，没有我们，人类就无法呼吸。

我要一份空气，空气中氮气体积要占78%，氧气要占21%，稀有气体要占0.94%，二氧化碳以及其他气体和杂质各要0.03%。
稍等，我这就给您拿。

我是氮气部门经理，我们部门生产的氮气可以充入食品包装，防止食品腐坏；也可以制成氮肥，提高农产品的产量和质量；还可以制成化工原料。
氮气部门
我们部门生产的氧气可以供给呼吸，也可以支持燃烧。
氧气部门
我们部门生产的稀有气体可以用作保护气、电光源，也可以用于医疗。
稀有气体部门
我们生产的二氧化碳能够应用于工业，也可以做成干冰用于制冷和人工降雨。
二氧化碳部门

它们的作用真大。
我们应该合理利用它们。
我听说还有个空气污染公司，它是干什么的呢？

此时，空气公司的两位员工暴跳如雷。

我们公司的死对头——空气污染公司产出粉尘和有害气体，这些污染物会破坏环境，损害人体健康，影响作物生长，破坏生态平衡！
要不我们成立一个空气污染防治部门来对抗它们？

人类乱砍滥伐才造成现在的局面。
大面积砍伐森林使大量动植物濒临灭绝，同时也使地球家园失去可持续发展的物质基础……

我们能做的就是减少使用化石燃料，积极开发新能源；对废气进行回收再利用，减少有害气体的排放。

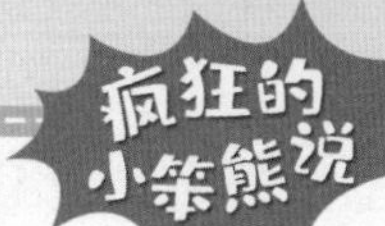
疯狂的小笨熊说

空气污染的防治措施：减少使用煤、石油等化石燃料，更多地利用清洁能源；减少工业废气排放，对废气回收净化再利用；改进燃料结构，安装净化装置，减少有害气体排放；加强大气质量监测，认识保护环境的重要性。

化学实验室中，如何制取氧气？

KClO3

制取氧气

实验室中，人们主要通过过氧化氢制氧法、加热氯酸钾制氧法以及加热高锰酸钾制氧法制取氧气。

有一天，尊贵的氧气公主满眼泪水地来到化学实验室。

你们能帮帮我吗?我的小伙伴不多了!
呜呜!
你不要着急,慢慢说。

跟随我们的脚步,一起帮助氧气公主解决它的问题吧!

首先，我们来到了化学实验室，桌子上摆放着一些试管。工作人员告诉我，这些都是制取氧气的工具。

过氧化氢
溶液
二氧
化锰
带火星
的木条
带火星的
木条复燃
实验室制取氧气使用的是固液不加热型气体发生装置，制取完氧气后使用带火星的木条检验氧气生成与否，若木条复燃，则表示成功制取氧气。
二氧化锰
过氧化氢制氧气的实验中，我是催化剂！
$KMnO_4$
$KClO_3$
轮到我们出场啦！
我们一起帮助氧气公主吧！

你知道吗！

实际生活中，催化剂的运用十分广泛，有将近 90%的工业工程中会使用到催化剂。催化剂的运用大大提高了人类的生产效率，它是人类的好帮手。

因为实验需要用到固体并进行加热，所以在选择反应装置上，我们选用的是固固加热型反应装置。

好奇！
什么是排水法？什么是向上排空气法？

我是收集氧气的排水法要用到的装置。
排水法

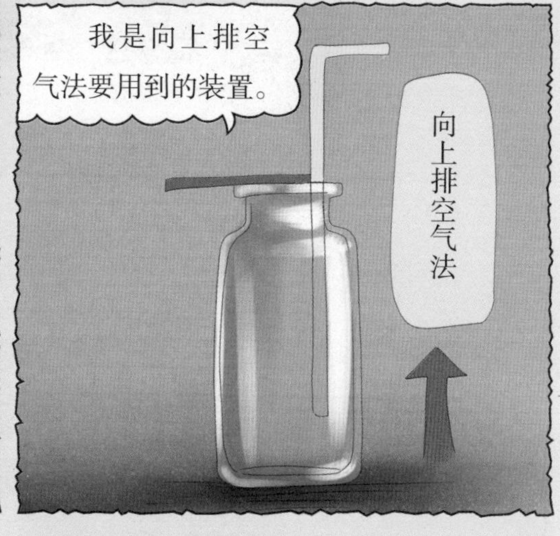
我是向上排空气法要用到的装置。
向上排空气法

在使用高锰酸钾制取氧气的过程中，有一个秘诀，能够帮助大家更好地完成所有的操作步骤，总结下来是 7 个字——查、装、定、点、收、离、熄。

查
点
装
定
离
收
熄

高锰酸钾制取氧气步骤：检查装置气密性（查），将药品装于试管中（装），固定试管于铁架台上（定），点燃酒精灯（点），收集气体（收），将导管撤离水槽（离），熄灭酒精灯（熄）。

为了防止我进入导气管，用我制取氧气时要在管口处塞进棉花。
高锰酸钾
棉花
氯酸钾
加热我制取氧气的方法和高锰酸钾制取氧气的方法相似，但是我的装置不需要棉花。

检查一下这里是否装有氧气。

验证氧气有无以及氧气是否收集满，都需要用到我！
火柴

谢谢大家，如果没有你们的帮忙，我很难找到我的小伙伴们！

空气中氧气的含量怎么测定？

氧气含量

氧气在空气中的含量约占21%，这是在大气层比较稳定的情况下的占比。

今天，氧气公主向人类发起挑战，让我们在空气中找出它，并且算出它在空气中的含量。

我是红磷，可以算出氧气公主在空气中的含量。
红磷
1774年，我做了关于磷、硫以及一些金属燃烧后质量会增加而空气减少的问题的研究。
拉瓦锡
经过大量实验，拉瓦锡发现并命名了氧气和氮气。

让我来加一些红磷。

疯狂的小笨熊说

红磷在集气瓶内剧烈燃烧，生成大量白烟。待集气瓶冷却，打开弹簧夹，水进入集气瓶内，集气瓶内水面上升，约占瓶内原有气体总体积的1/5。

原来,空气是混合物,进入集气瓶内的水的体积就是同等体积空气燃烧所消耗的氧气的体积,所以我们只要计算水的体积就可以得出氧气的体积,从而计算出氧气的含量。
由于空气中的氧气支持燃烧,水面上升 1/5,氧气占空气总体积的 1/5,而剩下的 4/5 便是不支持燃烧的氮气。

我的身体里充满了氦气,它是除了氢气以外最轻的气体,可以在保证安全的同时,让人们翱翔于天空。

Bowling

好看的霓虹灯之所以五彩斑斓,就是因为灯泡中充入了稀有气体。

还有我红磷的帮忙!

你们成功找到了我,而且教会了我许多知识,谢谢小伙伴们,你们真棒!

燃烧的产生条件有哪些？

燃烧

通常情况下，可燃物与氧气发生的一种发光、放热的剧烈的氧化反应，叫作燃烧。

我没有家人，没有住处，只能通过点燃火柴取暖。

小朋友，和我们一起过圣诞节吧！

一场大火烧掉了我们的家。

悲惨——

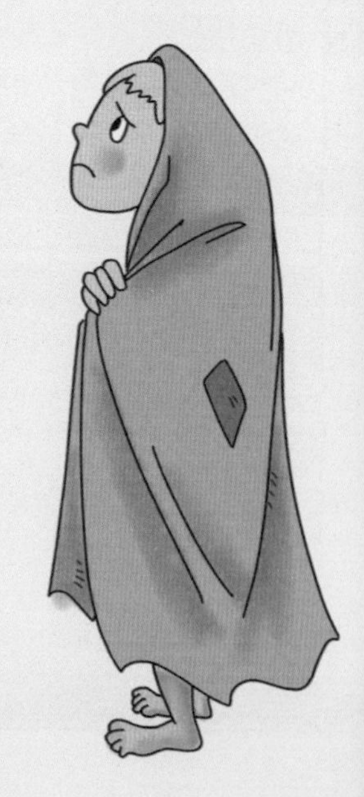

其实，他们怕的不是我，是燃烧，而我们火焰家族一生的宿命就是燃烧。

没想到火焰大叔会被人类排斥……
火焰大叔
探险家小凯
无奈！

燃烧的条件:1.要有可燃物;2.要有空气或者氧气;3.达到燃烧所需的最低温度(也叫着火点)。这三个条件必须同时具备,燃烧才能发生。

火既是人类的朋友,也是人类的敌人,为了更好地了解和使用火,我特地请来火焰大叔为同学们讲解关于燃烧的知识。

深夜里,火焰大叔照亮了黑暗……

火焰大叔,您快为我们讲讲吧。

看来,你们需要好好了解我。

我们认真听。
燃烧是什么?和火焰有关系吗?

很久很久以前……

咔嚓！
这是什么怪物？好可怕！

难道野兽怕这个发亮的东西吗？
离我远点儿！

在遥远的西方有个燧明国，那里有火种。

我来到这里，发现几只大鸟正在啄树上的虫子，同时，树上闪出明亮的火花，于是，我发明了钻木取火。

可燃物在有限的空间里急剧地燃烧，会在短时间内聚积大量的热，使气体的体积迅速膨胀而引起爆炸……

燃烧在大多时候是可控的，但是当燃烧不可控时我们就会面临危险，这种情况下我们就要想办法灭火！

面粉厂、纺纱厂和煤矿的矿井内的空气中常混有可燃性的气体或粉尘，它们接触明火，就有发生爆炸的危险。

灭火的方法要视情况而定，例如油锅着火要盖上锅盖；房子着火了，消防员要用高压水枪灭火。

火焰大叔，有空来玩儿！

我完成了任务，该走了，感谢大家能听我讲解。

蜡烛燃烧有哪些秘密呢？

蜡烛燃烧

蜡烛的火焰分为外焰、内焰和焰心。外焰温度最高，焰心温度最低。

你就是小蜡烛吧！我们终于找到你了！
我就是今天的主人公——蜡烛。别看我个子不高，我的秘密可多啦！

看我头顶的帽子，是不是很漂亮。
我是蜡烛燃烧产生的三层火焰：焰心、内焰、外焰，焰心较暗而外焰较亮。

石蜡硬脂蜡烛的出现，开启了人类照明史的新时代！

拿出一根火柴，迅速平放入我的火焰中，1 秒后取出。火柴梗的两端比中间先碳化，从而证明了外焰的温度更高。

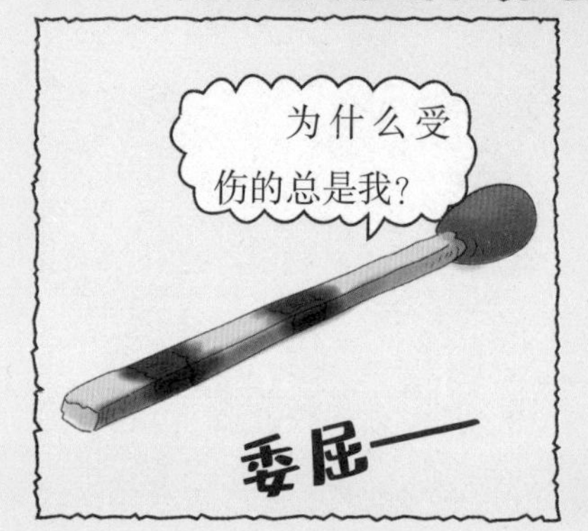
为什么受伤的总是我？
委屈——

1820 年，法国人强巴歇列发明了由三根棉线编成的烛芯，烛芯燃烧时自然松开，末端正好翘到火焰外侧，使蜡烛可以完全燃烧。

1825 年，法国化学家舍夫勒尔和盖·吕萨克获得了生产石蜡硬脂蜡烛的专利。

蜡烛燃烧后的产物是什么呢?赶快做个实验就知道了。

疯狂的小笨熊说

点燃蜡烛后，在火焰上方罩上干冷的烧杯，烧杯内有水雾产生。取下烧杯，倒入澄清的石灰水，澄清的石灰水变浑浊。所以，蜡烛燃烧的产物是水和二氧化碳。

自信！
我们是外表靓丽的彩色蜡烛！

随着时代的发展，我们已经不再只是简单的照明工具，还是气氛的烘托品和环境装饰品。

我们来做个呼吸实验吧！

与吸入的空气相比，呼出的气体中氧气的含量减少，二氧化碳和水的含量增多。

所以蜡烛被熄灭，澄清的石灰水也会变浑浊！

燃料是如何被人们利用的？

化石燃料

煤、石油、天然气是当今世界上最重要的三大化石燃料，它们是由古代生物的遗骸经数百万年一系列复杂的变化形成的，并且它们都是不可再生的。

最近，阿伦也听说了火焰大叔的故事……

爷爷，燃烧那么重要，是不是只要合理利用它就行？
当然，不过，合理利用燃烧的前提是合理利用燃料。

我们现在的主要燃料是化石燃料，其中煤、石油以及天然气就是目前世界上最主要的化石燃料。

煤
我是古老的化石燃料之一，被称为“工业的粮食”。

石油
我是宝贵的工业原料，被称为“工业的血液”。

我的主要成分是甲烷。
天然气

煤炭形成的过程

植物

植物枯萎

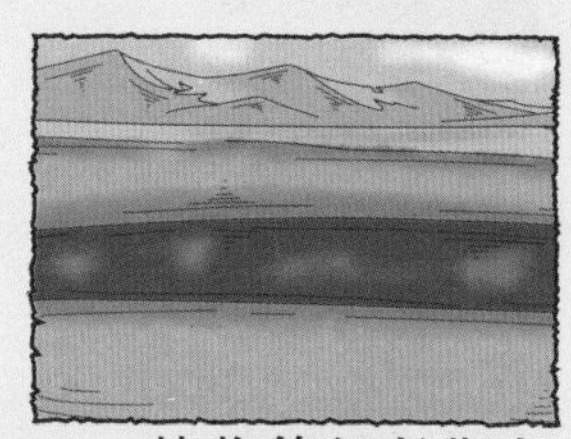

植物等经长期复杂变化形成煤。

燃烧在化学变化中属于放热反应，较活泼的金属与酸的反应也是放热反应。

救救我！

使用化石燃料对地球环境的影响主要有三个方面：一是全球气候变化，二是热污染，三是大气污染。燃料如果不完全燃烧，会产生一氧化碳气体污染大气。煤炭燃烧时还会产生大量粉尘。

疯狂的小笨熊说

化石燃料是不可再生的，所以我们要在节约能源以及提高燃料利用率的基础上，开发和利用新能源。

化学
小课堂

人一天需要多少氧气？

呼吸是每个人必须进步的活动，氧气也是人们生活中必不可少的物质。据统计，一个成年人每天呼吸 2 万多次，一天吸入空气 15 立方米 ~20 立方米，消耗氧气约 0.75 千克，呼出二氧化碳约 0.9 千克。也就是说，每人每天需吸入氧气 750 克，排出二氧化碳 900 克。全球按 100 亿人口算，一年会吸入 40 万亿立方米氧气，按每立方米 1 000 克算，约 400 亿吨。

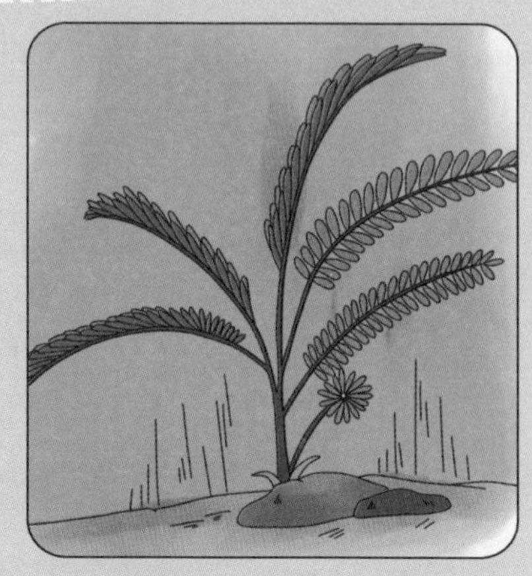

▲植物的根、茎、叶、花以及种子和果实，都在时刻进行着呼吸。

火是气态、液态还是固态？

火是物质燃烧产生的光和热，是能量的一种。只有可燃物、燃点、氧化剂同时存在才能生火，三者缺任何一者都不行。

▲火不是气体，也不是液体，更不是固体。

火是介于气态、固态以及液态之外的等离子态，是某些物质发生某种变化时的表征。很多物质都能在某些特定的变化中产生光和热，两者共同构成我们所说的“火”。

探索
发现

粉尘也会爆炸

在爆炸极限范围内，粉尘遇到热源时，火焰会瞬间向整个混合粉尘的空间传播，化学反应速度极快，同时释放大量的热，形成极高的温度和很大的压力，系统的能量转化为机械功以及光和热的辐射，具有强大的破坏力。

粉尘爆炸多发生在伴有铝粉、锌粉、铝材加工研磨粉、各种塑料粉末、有机合成药品的中间体、小麦粉、糖、木屑、染料、胶木灰、奶粉、茶叶粉末、烟草粉末、煤尘、植物纤维尘等生产加工场所。某些厂矿生产过程中产生的粉尘，特别是一些有机物加工中产生的粉尘，在某些特定条件下也会发生爆炸燃烧事故。

▲ 核爆炸是剧烈核反应中能量迅速释放的结果。

图书在版编目(CIP)数据

小笨熊这就是数理化. 这就是数理化. 9 / 崔钟雷主编. -- 哈尔滨：黑龙江美术出版社，2021.4
(疯狂的十万个为什么系列)
ISBN 978-7-5593-7259-8

Ⅰ. ①小… Ⅱ. ①崔… Ⅲ. ①数学 - 儿童读物②物理学 - 儿童读物③化学 - 儿童读物 Ⅳ. ①O-49

中国版本图书馆 CIP 数据核字(2021)第 058184 号

书　　名 / 疯狂的十万个为什么系列
FENGKUANG DE SHI WAN GE WEISHENME XILIE
小笨熊这就是数理化 这就是数理化 9
XIAOBENXIONG ZHE JIUSHI SHU—LI—HUA
ZHE JIUSHI SHU—LI—HUA 9

出 品 人 / 于　丹
主　　编 / 崔钟雷
策　　划 / 钟　雷
副 主 编 / 姜丽婷　贺　蕾
责任编辑 / 郭志芹
责任校对 / 徐　研
插　　画 / 李　杰
装帧设计 / 稻草人工作室
出版发行 / 黑龙江美术出版社
地　　址 / 哈尔滨市道里区安定街 225 号
邮政编码 / 150016
发行电话 / (0451)55174988
经　　销 / 全国新华书店
印　　刷 / 临沂同方印刷有限公司
开　　本 / 787mm × 1092mm　1/32
印　　张 / 9
字　　数 / 300 千字
版　　次 / 2021 年 4 月第 1 版
印　　次 / 2021 年 4 月第 1 次印刷
书　　号 / ISBN 978-7-5593-7259-8
定　　价 / 240.00 元(全十二册)

本书如发现印装质量问题，请直接与印刷厂联系调换。